少年博物

# 不可思议的
# 地球之谜

《图说天下》编委会◎编著

北方妇女儿童出版社
·长春·

图书在版编目（CIP）数据

不可思议的地球之谜/《图说天下》编委会编著
. — 长春：北方妇女儿童出版社，2024.10
（少年博物）
ISBN 978-7-5585-8478-7

Ⅰ．①不… Ⅱ．①图… Ⅲ．①地球－少年读物 Ⅳ.
① P183-49

中国国家版本馆 CIP 数据核字 (2024) 第 095588 号

# 不可思议的地球之谜

**BUKESIYI DE DIQIU ZHI MI**

| | |
|---|---|
| 出 版 人 | 师晓晖 |
| 策 划 人 | 师晓晖 |
| 责任编辑 | 王丹丹 |
| 整体制作 | 日知图书 北京日知图书有限公司 |
| 开　　本 | 720mm×787mm 1/12 |
| 印　　张 | 4 |
| 字　　数 | 60 千字 |
| 版　　次 | 2024 年 10 月第 1 版 |
| 印　　次 | 2024 年 10 月第 1 次印刷 |
| 印　　刷 | 文畅阁印刷有限公司 |
| 出　　版 | 北方妇女儿童出版社 |
| 发　　行 | 北方妇女儿童出版社 |
| 地　　址 | 长春市福祉大路 5788 号 |
| 电　　话 | 总编办：0431-81629600 |
| | 发行科：0431-81629633 |
| 定　　价 | 50.00 元 |

# 前言

在广袤无垠的宇宙中，地球拥有46亿年的历史，而人类的历史相比之下不过是沧海一粟。尽管人类智慧的火花在几百万年的时间里迅速闪耀，但我们对于这个星球的探索却仍处于初级阶段。《不可思议的地球之谜》是一本旨在揭开地球神秘面纱的作品，让我们一同踏上这段发现之旅。

地球，这个蕴藏着无数谜题与奇迹的星球，始终激发着人类无尽的好奇心与探索欲。从古老的文明遗迹到令人叹为观止的自然奇观，从未解之谜到那些人迹罕至的危险地带，每一个角落都充满了未知，等待我们去探寻。《不可思议的地球之谜》通过科学的视角，精选了全球最令人着迷的未解之地与事件，旨在为读者揭开这些谜团的一角。本书通过详细介绍这些令人惊叹的自然现象、古代历史遗迹以及那些危险而神秘的地带，不仅可以增进我们对地球的了解，更重要的是，它鼓励我们以科学的态度去探索未知，挑战自我，开拓视野。

让我们一起翻开这本书，开启一段关于地球的不可思议的旅程。通过科学的眼光去探索那些未知的领域，不仅可以扩展我们的认知边界，还能让我们深切地感受到作为地球居民的自豪和责任。这是一场既充满挑战又令人兴奋的探索之旅，让我们怀着敬畏之心，共同踏上这段奇妙的旅程。

# 目录

# 找寻失落的文明

历史上的一些文明由于某种原因而逐渐消失，引发了许多充满想象力的猜测，比如自然灾害、战争，甚至外星人干预、超自然力量等。然而，这些文明衰落的真正原因仍然缺乏明确的证据和定论，也成了历史研究中永恒的谜团之一。

文明

繁华

波塞冬是希腊神话中的海神，象征着对海洋的统治。

## 亚特兰蒂斯

传说在距今大约一万两千多年前，海神波塞冬在大西洋的一块陆地上创造了一个王国，他娶了一位父母双亡的少女并生了五对双胞胎，大儿子是最高统治者，因他的名字叫亚特兰蒂，所以帝国的名字就叫作亚特兰蒂斯，也叫大西国或大西洲。

亚特兰蒂斯最早出现在柏拉图晚年的著作《克里提阿斯篇》和《蒂迈欧篇》中。据柏拉图记载，亚特兰蒂斯是当时世界上最强大的帝国，它的城市建筑最大的特点就是呈同心圆柱状，到处可以看到用金子装饰的建筑。生活在这里的人们安居乐业，生活富庶。然而，他们的生活也变得越来越腐化，无休止的极尽奢华和道德沦丧，使他们不自觉地一步一步走向了毁灭。

这一切终于激怒了众神，"强烈的地震和凶猛的洪水，在一昼夜之间就将亚特兰蒂斯淹没于深海之下"。这是柏拉图对亚特兰蒂斯的描述。人类正是循着这条线索在孜孜不倦地寻找这个失落的文明。

这个被誉为超文明的理想之国在一夜之间消失了，我们的地球是否存在过这样的史前文明？时至今日，我们仍未得到答案。但是亚特兰蒂斯的名字却闻名于世，图书、影视、绘画等众多文艺作品中都出现了它的身影，它的魅力令全世界着迷。

古希腊哲学家
柏拉图

## 关于亚特兰蒂斯的作品

很多文艺作品都对亚特兰蒂斯进行了想象和描述，比如迪士尼公司于2001年推出的动画片《亚特兰蒂斯：失落的帝国》，讲述了一支探险队寻找失落的亚特兰蒂斯的冒险历程。这些作品常常将亚特兰蒂斯描述为一个神秘而繁荣的文明，不仅激发了人们对于亚特兰蒂斯的遐想，也为我们提供了多种角度去理解这个古老传说的内涵。

## 太平洋"姆大陆"

20世纪初，英国学者詹姆斯·乔治瓦特提出了关于"姆大陆"的假设。他认为，在史前的太平洋区域，包括现在的日本、中国台湾等地，曾经是一个连续的大陆。他用毕生精力，为我们讲述了一万多年前的姆大陆人们的生活。

据说姆大陆的先民拥有高度的文明，尤其精于航海。首都喜拉尼布拉的道路四通八达，港口船舶云集，商旅不绝。他们的船只遍布世界各地，开拓了不同的文明。然而毫无征兆的灾难毁掉了繁荣，地震和火山岩浆铺天盖地，整个大地渐渐沉落，姆大陆文明就此沉寂在汹涌的大洋中。

詹姆斯笔下的姆大陆被描述得像真的一样。但是学院派认为按照历史常识而言，在大洋中根本不可能存在这样一个超高文明的帝国。自从15世纪哥伦布发现美洲大陆以后，地球的疆域已固定，极少有人认同姆大陆曾经真实存在过，而现代地质学的大陆板块理论更是排除了姆大陆存在的可能性。

毁灭

# 对话千年古城

历史上的很多古文明都留下了许多谜团，城市的废墟中隐藏着未被揭开的神秘面纱，激发着人们的好奇心和探索欲望。当步入这些历经沧桑的遗址时，仿佛能感受到时间的流逝和岁月的积淀，想象起古城昔日的繁荣与辉煌。

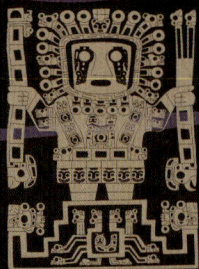

**废墟**

## 👁 蒂亚瓦纳科城

在玻利维亚海拔4000米左右的荒凉高原上，有一座废弃的城池给人们带来许多未解之谜。这是一座由巨大的石块构建起来的宏伟城池，其中有多尊人形雕像，雕像都有着一双大大的眼睛，面无表情，双手持神秘器物，仿佛是城市的守卫者。著名的太阳门是由一块巨大的山岩凿成的，门上刻着手握权杖、头部放光的太阳神。令人吃惊的是，每年秋分日，黎明的第一缕阳光总是从石门穿过，射向大地。难以想象，古代的建造者是如何掌握这么精确的天文学知识的。而这座城市，没有人知道是谁建造的，也无从知道兴建的确切时间。

离太阳门不远，有个方形天井遗址，人们在里面挖掘出了大量的石制水管，制作之精巧令人震惊。这些石制水管是干什么用的？这个城市到底隐藏着什么秘密？在这个海拔4000米左右的高原上，还挖掘出了大量的贝壳、飞鱼等海洋生物的化石，似乎证明了蒂亚瓦纳科城是一个古老的港口城市。虽然有些发现，但是却无法确定这座神秘废城的年代。城门之内，早已空寂荒芜，也没有留下什么文字记载。也许太阳门上的神秘图纹符号就是某种象形文字，但至今也没能破译出来。

人形雕像

### 特洛伊城

特洛伊城位于爱琴海东岸，曾经是一个美丽富饶的地方，人民安居乐业。得天独厚的地理位置和强大国力使特洛伊城成为古希腊人觊觎的对象。

约公元前12世纪，特洛伊王子帕里斯绑架了古希腊的斯巴达国王之妻海伦，引发了古希腊联军对特洛伊城的围攻。这场战争被广泛记录在古希腊文学作品《荷马史诗》中，尤其是《伊利亚特》。特洛伊战争持续了10年之久，其间发生了许多英勇壮丽的战斗与故事。最终，希腊联军通过木马计谋成功攻陷了特洛伊城，结束了这场战争。

美丽富饶的特洛伊城被洗劫一空，焚烧殆尽。王子帕里斯在战斗中死亡，海伦被斯巴达国王夺回，无数的战士丧生在刀光火影下。战争结束后，特洛伊幸存的成年男子被杀，妇女儿童沦为俘虏，昔日繁华的城市仅剩下残垣断壁，成为一片废墟。人们寻找古城遗址，找了很多年。

藏有希腊勇士的巨大的空心木马

古希腊斯巴达国王墨涅拉俄斯与妻子海伦

战乱

古城

## 有名的古城

### 特奥蒂瓦坎古城

特奥蒂瓦坎古城位于墨西哥城东北处，曾经是美洲最繁华的城市，也是著名的太阳金字塔所在地。"特奥蒂瓦坎"来自印第安人纳瓦特尔语，意为创造太阳神和月亮神的地方，这或许就是特奥蒂瓦坎人修建太阳金字塔和月亮金字塔的原因。

### 土耳其地下城

在土耳其安纳托利亚高原卡帕多西亚地区，悬崖、碎石、沟壑遍地，裸露的岩石寸草不生。这里有成百上千座古老的岩穴教堂和不计其数的洞穴住房隐于地下，具备了一个城市所有的要素。地下城是何时何人兴建的，又为何被遗弃，一直是未解的谜题。

### 古格王国遗址

古格王国遗址位于我国西藏自治区象泉河南岸的扎布让村附近的一座土山上。从现存的古格王国遗址看，城市依山而建，从山脚到山顶高300余米，有房屋、佛塔和洞窟等600余座。古格王国的政权在历史上延续了700多年，最终在战争中覆灭。

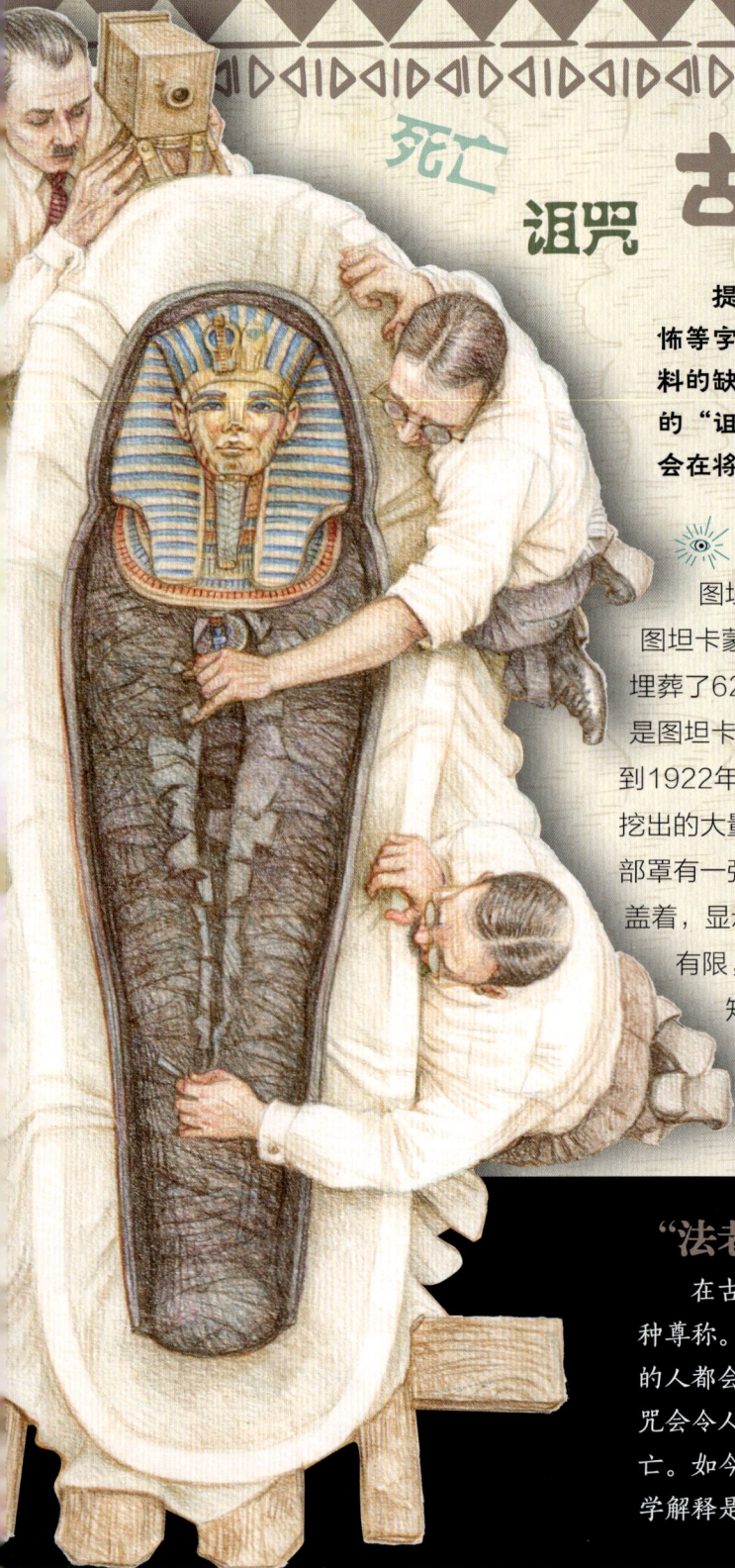

# 古墓迷影

提起古墓，人们总是会将之与阴暗、神秘、恐怖等字眼联系在一起。这是由于年代久远，大量资料的缺失导致人们对墓地无法全面理解，那些所谓的"诅咒""传说"，或许会一直神秘下去，或许会在将来的某一天解开谜团。

## 图坦卡蒙陵墓

图坦卡蒙是古埃及的国王，去世时不超过20岁。图坦卡蒙陵墓在埃及底比斯西郊的"国王谷"，这里埋葬了62位埃及法老。谷中的陵墓几乎都被盗过，但是图坦卡蒙陵墓在大约3000年的时间里从未被盗，直到1922年才被英国考古学家霍华德·卡特发现，随后挖出的大量陪葬品震惊了西方世界。图坦卡蒙木乃伊脸部罩有一张纯金面罩，神态安详，浑身被黄金和珠宝覆盖着，显示出死者生前无比的尊荣。由于史料所载信息有限，后人对于这位英年早逝的法老去世的原因所知寥寥。除此之外，墓室中还有一对胎儿木乃伊，经DNA检测证实是法老夭折的女儿。

## "法老的诅咒"

在古埃及，法老是对国王的一种尊称。传说任何打扰法老木乃伊的人都会受到法老的诅咒，这些诅咒会令人遭遇厄运、疾病或导致死亡。如今许多人认为"诅咒"的科学解释是细菌或辐射。

## ✷ 西潘王墓室

秘鲁曾有南美大陆最辉煌的印加文明，拥有许多古文明遗址，由此也产生了极为疯狂的文物被盗掘现象，而最初西潘王墓室的发现就和盗墓者有关。1987年前后，秘鲁考古学家沃尔特·阿尔瓦在国际文物黑市上发现了一些明显来自秘鲁的文物，但这些文物又不属于印加文明，他猜测很可能又有一个重要的遗迹被盗。在阿尔瓦等人一番努力探寻之后，1988年，西潘王墓室出现在人们的视野中。

这一次挖掘震惊了整个考古界。被金银包裹着的西潘王、模样怪异的金面具，以及其他数不清的金银饰物和工艺品，各个都造型奇特，工艺让人惊叹，莫切文明就这样浮出水面。西潘王墓室的发现是一座了解莫切文明的分水岭，但我们对莫切人的认识却依然模糊。谁将最终解开莫切文化的起源、发展的谜团呢？

消失

西潘王的胸甲

## 美洲三大古印第安文明

玛雅人祭之神

### 玛雅文明

神秘的玛雅文明形成于公元前1000—前300年，16世纪西班牙殖民者的到来彻底打断了这个文明独立发展的道路，并导致玛雅文明消亡。玛雅人擅长天文学和数学研究，玛雅历法非常精确。但后期的玛雅人用活人来献祭神灵，血腥而恐怖。

我的强大超乎你的想象。

### 阿兹特克文明

阿兹特克文明是一个活跃在14—16世纪的墨西哥古文明。阿兹特克人的手工业较为发达，能制造各种出色的手工艺品，能制造铜器，掌握铸造、压印金器和以宝石镶嵌装饰品等技术。

阿兹特克武士

### 印加文明

印加文明是南美洲的古文明。之所以叫印加文明，是因为他们统治者的尊号叫"印加"，是太阳之子的意思。他们擅长冶炼黄金等各种金属，崇尚黄金并且大量使用黄金，其帝国被称为"黄金帝国"。

自称"太阳之子"的印加王

# 破译圣迹密码

在古希腊神话中，有许许多多的隐喻、哲理，既有英雄史诗，也有神灵传说，它们在历史的长河中被口口相传，但真假难辨。虽然如此，在希腊的土地上遗存的圣迹，却在有意无意地向我们传达历史的真相。

## 米诺斯王宫

在古希腊神话里，米诺斯是宙斯的儿子，他享受着万能的众神之王宙斯的关爱，创造出令世人惊叹的米诺斯文明。传说米诺斯违背了海神波塞冬的旨意，因未将美丽又强壮的公牛献祭而遭到惩罚，米诺斯的妻子帕西法厄生下了一个牛首人身的怪物弥诺陶洛斯。

相传天神修建了迷宫来关押弥诺陶洛斯。被米诺斯征服的雅典被迫每年进贡7个童男和7个童女，供弥诺陶洛斯食用。作为贡品的雅典王子忒修斯，手提魔剑，杀死了弥诺陶洛斯，循线团走出迷宫。兴奋过度的忒修斯忘记了与父亲所做的平安归来要在船上挂白帆的约定，致其父亲心生绝望，跳海身亡。

米诺斯迷宫遗址的发掘，似乎让人相信关于怪物弥诺陶洛斯的传说并不是无中生有：在墙壁上、浮雕上、石制及金制的餐具上都能看到牛的图案——或在戏耍圆球，或在狂怒奔跑。传说的真伪尚无法考证，但米诺斯王宫确实如迷宫一般，有数不清的曲折通道连接着大小不同的房间，成为传说的佐证。

雅典王子忒修斯献祭克里特野牛

## 德尔斐考古遗址

德尔斐考古遗址是希腊古典时期的宗教遗址，这里有阿波罗神庙区、纪念碑林、珍藏库，以及附近的剧场、运动场等遗址。德尔斐考古遗址对我们了解古希腊的公共生活十分重要，是古希腊宗教与文明的见证。1987年，德尔斐考古遗址作为文化遗产被列入《世界遗产名录》。

神话传说

### ◉ 阿波罗神庙

阿波罗神庙位于希腊中部的帕尔纳索斯山上，可以俯瞰整个希腊中部，这里也是世界遗产"德尔斐考古遗址"的一部分，曾是古代希腊世界的精神中心，是希腊的宗教圣地，也是阿波罗神女祭司皮提亚的驻地，相传皮提亚就是在这里传达德尔斐神谕的。

据说当朝圣者带着祭品来神庙祭献的时候，如果皮提亚认为祭品足够多，便让朝圣者进入神庙的地下。皮提亚坐在房间的架子上，架子支撑在沟壑上，沟壑据说就是产生某种气体的裂缝。各种记载表明，皮提亚会吸入一些气体或烟雾，手里拿着月桂树的树枝，陷入一种谵妄的状态，然后开始用人们无法理解的语言表达神的旨意或关于阿波罗的知识。而站在神殿上方的神职人员则会通过地板上的开口听到她的声音，然后进行解释。

# 未知作者的画作

遍布在世界各地的岩画和大地画作是古代智慧的神秘印记，它们隐藏在偏远的洞穴、荒漠和山脉中，透露着古老文明的秘密。从法国的拉斯科洞穴到秘鲁的纳斯卡荒漠，这些未知作者的画作不仅是艺术的展示，更是时间的谜团，等待着被解读。

你好！

长约 30 米

## 神秘图形

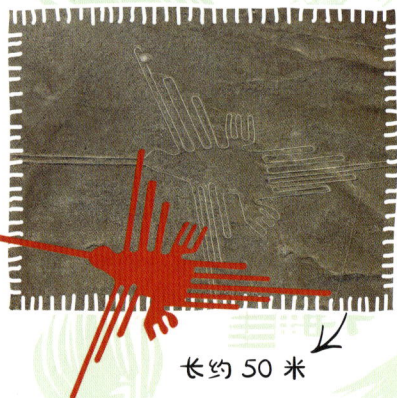

长约 50 米

长约 46 米

长约 110 米

### 纳斯卡线条

纳斯卡线条位于南美洲秘鲁纳斯卡山谷里的潘帕·因哈尼奥荒漠中，覆盖约700多平方千米的范围。这些神秘的线条由几千条直线和弧线构成，形成了各种几何图形和生动的动植物图案。其中包括尾巴卷曲的长尾猴、圆肚突眼的亚马孙蜘蛛、展翅飞翔的蜂鸟和神秘人物图形等。纳斯卡线条于20世纪上半叶首次发现。美国考古学家保罗·科索克博士偶然发现了这些令人惊叹的巨型线条。他的发现最初被人们忽视，直到后来考古学家亲自前往考察，这些线条才逐渐为世人所知。

尽管纳斯卡线条的存在已经被广泛知晓，但它们的用途和创造者身份仍然充满谜团。一些理论认为这些图案可能与天文历法有关，或者是古代纳斯卡人的祭祀路线。还有学者认为，这些线条代表了天空中的星座。此外，考古学家还在附近地区发现了许多木乃伊，这增加了纳斯卡线条的神秘感。尽管存在许多猜测和理论，纳斯卡线条的真正意义和目的仍待科学家进一步解读。

今天，为了保护这些脆弱的史前艺术品免受环境破坏和过度参观的损耗，原始的拉斯科岩洞对公众关闭。取而代之的是拉斯科洞窟壁画的复制品，它们为公众提供了近距离欣赏这些壮丽壁画的机会。

## 澳大利亚岩画

澳大利亚原住民在这片古老的土地上至少居住了4万年之久，他们一直以原始的生活方式生存：打猎、采集。他们没有文字，除口口相传的故事外，岩画是原住民先祖们的生活方式及习俗的重要记录。岩画的内容千奇百怪，有的是蜿蜒曲折的石壁刻纹或直线凹痕；有的是远古的英雄和神灵；有的是神话中的蜥蜴、半人半猿像、半人半兽像；还有的是鱼、龟、鹰、袋狼等动物。

## 拉斯科岩洞壁画

拉斯科岩洞壁画位于法国西南部多尔多涅省的一处举世闻名的史前遗址和洞穴群。拉斯科岩洞壁画以其数量多、质量高和保存状态良好而著称。岩洞内的壁画覆盖了多个大型厅室和通道，这些图像主要描绘了欧洲旧石器时代晚期的典型野生动物，如野牛、马、鹿和狮子等。此外，还有一些人的形象和抽象符号。这些图画使用了多种颜色，包括黑色、棕色、红色和黄色等，颜料来源于天然矿物质。

这些壁画的用途、创作动机和制作方法仍然是未解之谜。一些学者认为这些图画可能与狩猎仪式有关，或者是某种精神实践的一部分，尚有许多不同的解释和假设。

爱吹奏迪吉里杜管的原住民

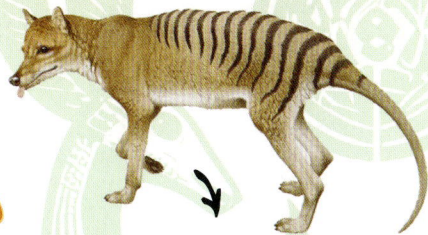

已经灭绝的袋狼

13

# 神之遗迹

在地球各地都存在着一些神秘莫测的古老遗迹，这些遗迹以其巨大的规模和不可思议的建造技术令世人惊叹。不论是人像雕塑还是神秘的石结构，都展示了古代文明的非凡技艺。至今，这些遗迹的建造原因、用途以及所用技术仍然是科学研究和考古探索的热点。

巨石人像

## 复活节岛石像

复活节岛石像，又称摩艾石像，耸立于南太平洋东部的复活节岛。这些惊世之作出现在公元400—1800年间，分属三个时期。石像一般高3~6米，多数巨像是一体成形，整个身体都来自一块巨大的石头，有的头部会加上一块重达数十吨的普卡奥石块作为"帽子"。如今，约有1000尊石像被发现，其中有300多尊石像仍静卧在拉诺拉拉库火山口斜坡的石场上，而其余数百尊则分布在整个岛上。这些石像双目炯炯有神、鼻梁高挺、眼窝深邃、嘴巴嘟翘、双耳庞大。每尊巨像都面向辽阔的大海，整齐划一，令人赞叹不已。

然而，这些石像的确切雕刻时间和目的仍然不为人知。它们究竟象征着什么？是对神的崇拜，还是神化的祖先？是供人瞻仰观赏，还是顶礼膜拜，或者是用以祈福或避祸？这一切充满了无限的谜团，值得我们去探索与解读。

制作这些遍布全岛的石雕人像的原因，也许将是一个永远的谜。

鬼斧 神工

14

## 奥尔梅克巨石头像

大约3000年前，当世界的大部分地区还处在文明的黑暗之中时，位于中美洲墨西哥湾炎热海岸的一个神秘民族——奥尔梅克人，已经默默存在了几个世纪。正当玛雅文明的壮丽神庙高耸在美洲大地上时，奥尔梅克文明却无声无息地消失了。时间来到1938年，墨西哥的考古队在墨西哥湾沿海的拉文塔地区进行考古工作，队员们竟然在茂密的森林中发现了11个巨大的人头雕像，其中最大的一个竟重约20吨。

这些巨大的人头雕像的用途究竟是什么呢？它们可能是奥尔梅克城的守护者，也有可能是当时奥尔梅克统治者的肖像雕像。然而，奥尔梅克人并未留下文字的记录。因此，现代人只能通过两处遗址中发现的陶器和雕像来试图解开奥尔梅克文明的秘密，这为我们了解古代奥尔梅克人的历史和文化提供了有限但宝贵的线索。

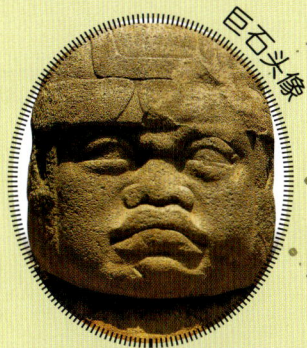

巨石头像

## 自由女神像

远古的巨像令人着迷，而现代的巨像同样精彩。自由女神像是法国送给美国的礼物，用来纪念美国独立100周年，于1886年落成。自由女神身穿古希腊风格服饰，所戴头冠有七道尖芒，象征世界七大洲。

## 神奇巨石艾尔斯岩

艾尔斯岩是阿南古人（澳大利亚原住民族群）的圣地。形成艾尔斯岩的砂岩含有较多铁粉，氧化之后的铁粉呈现红色，使得艾尔斯岩呈现红色外观。这里还保存有阿南古人创作的岩画，其中历史最久的拥有超过1000年的历史。

守护者

# 冲出巨石迷宫

## 神话

　　这些巨石结构，遍布世界各地，跨越千年，凝视着历史的长河。它们的用途和建造原因仍然笼罩在神秘的迷雾之中，是人类历史上最令人着迷和困惑的谜题之一，让我们对古代社会的宗教仪式、天文学观测和神秘信仰心存敬畏。

## ☀ 英国巨石阵

　　英国巨石阵是一组由巨大的石头组成的古代建筑物，位于英格兰威尔特郡索尔兹伯里的平原上，是欧洲著名的史前巨石文化建筑遗址。关于巨石阵的年代，至今尚有争议。迄今为止，也没有人确切知道当初建造它的目的到底是什么。古代人们是如何将这些巨大的石头运输到达巨石阵的位置的，特别是在没有现代机械设备的情况下？关于它的功能有各种理论，包括宗教仪式、天文观测、太阳和月亮崇拜，以及与古代宇宙观和神话相关的活动。然而，没有足够的直接证据来确认其中的任何一个理论，因此巨石阵真正的建造目的仍然是一个谜。

宗教仪式想象图

巨石阵

法国卡尔纳克石阵

马耳他巨石寺庙群

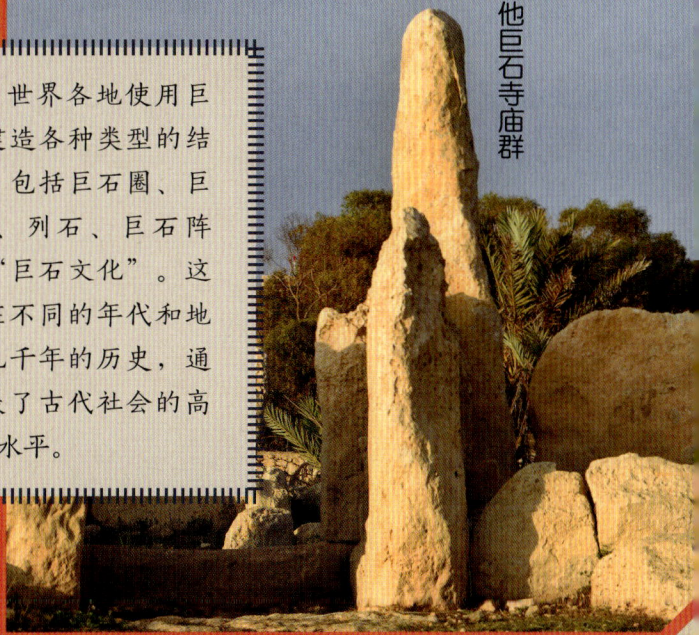

巨石文化

在古代，世界各地使用巨大的石头来建造各种类型的结构和纪念物，包括巨石圈、巨石墓、立石、列石、巨石阵等，被称为"巨石文化"。这些巨石出现在不同的年代和地点，跨越了几千年的历史，通常被认为代表了古代社会的高度组织和技术水平。

爱尔兰纽格兰奇巨石墓

## 法国卡尔纳克石阵

法国卡尔纳克石阵是一组神秘的史前巨石遗址，可追溯到公元前4500年左右。这些巨石的排列方式和规模展示了古人卓越的技术和组织能力，也成为研究新石器时代欧洲文化的重要遗址。

## 马耳他巨石寺庙群

马耳他巨石寺庙群以其复杂的建筑设计和精细的装饰工艺而闻名。它们通常由巨大的石块构成，排列成多个室内空间，包括圆形或椭圆形的祭坛、走廊和院子，其建造技术和用途至今仍然是个谜。

## 爱尔兰纽格兰奇巨石墓

纽格兰奇巨石墓位于爱尔兰的一个史前巨石墓葬遗址，遗址的主体是一个巨大的圆形土墩，由水平放置的巨石构成，这些石头外围有一圈石头构成的墙壁。

# 来自地球的爱心

地球上隐藏了一些"心形奇迹"，每一个心形都蕴含着独有的特点。这些地点不仅是地理上的标记，也是大自然浪漫的语言，引领我们在全球的心形瑰宝探寻之旅中，感受浪漫和神奇。

心形奇迹

心形礁

## ☀ 大堡礁上的心形礁

珊瑚海是世界上最大的海，面积相当于中国陆地面积的一半，而位于珊瑚海中的珊瑚礁群——大堡礁，也是世界上最大的珊瑚礁群。大堡礁上有近千个岛礁和浅滩星罗棋布，是从月球上为数不多能看到的奇观之一。大堡礁中隐藏着一个令人惊叹的自然奇迹——心形礁。心形礁是大堡礁上的一颗璀璨明珠，从空中俯瞰，它犹如一颗巨大的心形宝石镶嵌在蔚蓝的海洋中，岛礁被绚烂的珊瑚环绕，彩色的鱼群在其中穿梭。当阳光透过水面照射在心形礁上时，整个礁石散发出温暖的光芒。这一自然奇观的形成，源于珊瑚虫数百万年的建造，它们的遗骸与海底生物残骸共同构建了这个令人惊叹的心形结构。心形礁不仅拥有绝美的外观，更承载着丰富的海洋生物，是潜水爱好者的天堂。

## 克罗地亚心形岛

位于克罗地亚西部的情人岛是一片迷人的自然奇迹，其完美的心形轮廓仿佛是大海中的一颗珍珠。这个岛因其独特的心形而闻名，经常被称为"情人岛"。岛上没有常住居民，保留了自然美景和未受破坏的环境。每到情人节，恋人们纷纷前往这个象征着爱情的神秘岛屿，许下彼此间永恒的誓言。岛上的每一片叶子、每一阵微风，似乎都见证着爱情的纯粹与永恒。而在日落时分，岛屿被金色的余晖包围，营造出一种只属于恋人的浪漫氛围。

心形岛的神秘魅力不仅吸引了情侣们，也吸引了世界各地的摄影师和探险家。他们渴望捕捉这片未被人类破坏的天然美景，记录下大自然的这个神奇杰作。

自然

浪漫象征

## 散落世间的爱心

### 斐济卢阿岛

在南太平洋的碧波之中，斐济群岛的西部藏着一个神秘的天堂——卢阿岛。这个独特的小岛，以完美的心形轮廓在蔚蓝的海洋中脱颖而出，仿佛是海神留给世人的一句爱的话语。

### 南太平洋心形红树林

在南太平洋的新喀里多尼亚群岛中，隐藏着一片奇妙的心形红树林。被盐水环抱的红树林，在潮汐的轻抚下生长。每当金色的阳光穿透树梢，这颗"心"被点亮，宛如一颗在绿海中闪耀的宝石。

### 迪拜同心湖

除了自然界的心形奇迹，在迪拜附近的沙漠中，还隐藏着一个迷人的人工同心湖。同心湖以其独特的两颗相交缠绵的心形在沙漠中十分醒目。这片创造奇迹的湖水，不仅是情侣们寻找浪漫的圣地，也是自然爱好者的秘密乐园。

# 新旧七大世界奇迹

## 古代七大奇迹

**4 奥林匹亚宙斯巨像**

位于古希腊奥林匹亚。这座雕像因雕刻精美而闻名，也因失踪和毁灭的细节未知而吸引着世界各地的人们。

**1 胡夫金字塔**

位于埃及吉萨，是古埃及最大的金字塔。其恢宏规模、精密结构和对称性，以及关于建造方法和用途的诸多未解之谜，使其成为永恒的神秘象征。

**5 摩索拉斯陵墓**

位于古代卡里亚的哈利卡纳索斯（在今土耳其），是卡里亚帝国国王摩索拉斯的陵墓，关于其精美的雕刻和装饰细节的多数信息已随时间失传。

**2 巴比伦空中花园**

位于古巴比伦城（在今伊拉克）。传说中的悬挂花园和先进的灌溉系统至今不知是如何建造的，具体存在与否仍是历史之谜。

**6 罗德岛太阳神巨像**

位于古希腊的罗德岛港口。这座巨大的铜像是为纪念太阳神赫利俄斯而建，据说高度惊人，但在地震中倒塌。

**3 阿耳忒弥斯神庙**

位于古代小亚细亚的以弗所（在今土耳其）。这座巨大的神庙以其宏伟建筑和精美雕刻闻名，但其毁灭的具体原因我们尚未得知。

**7 亚历山大灯塔**

建于古埃及亚历山大城的法洛斯岛。这座灯塔以其宏伟的结构和作为古代最著名的导航标志而闻名，后来经历数次地震，于1435年完全毁坏。

# 新七大奇迹

**4 马丘比丘**

位于秘鲁安第斯山脉，是一座15世纪的印加帝国遗址。这个山顶城市以其神秘的历史、壮观的景色和精妙的石砌建筑而闻名，被认为是古印加文明的杰出代表。

**1 万里长城**

蜿蜒于中国北部，是世界最长的防御工程和历史遗迹之一。这座宏伟的建筑可溯源至公元前7世纪，历经数代扩建，是中国古代规模最宏大的防御工程。

**5 佩特拉古城**

位于约旦南部，是古代纳巴泰人建造的一座岩石城市。佩特拉的许多建筑直接从岩石中凿出，包括著名的哈兹纳赫殿堂。这座古城是古代工程和艺术的奇迹，关于其历史和建造技术至今仍有许多未解之谜。

**2 泰姬陵**

位于印度北方邦的阿格拉，是一座著名的白色大理石陵墓，建于17世纪。这是莫卧儿皇帝沙·贾汗为纪念其妃玛哈尔而建，被视为伊斯兰建筑的杰作。

**6 里约热内卢基督像**

位于巴西里约热内卢市的科尔科瓦多山顶，是一座巨大的耶稣基督雕像。于1931年完工，高38米（含底座），是巴西最著名的地标之一。这座雕像俯瞰着里约热内卢市和周围的瓜纳巴拉湾，象征着和平与宽容。

**3 古罗马竞技场**

位于意大利罗马市中心，是古罗马时期的大型椭圆形剧场，建成于公元1世纪。曾举办过角斗士比赛、野兽狩猎等娱乐活动，是古罗马文化和建筑技术的象征。

**7 奇琴伊察**

位于墨西哥尤卡坦州中南部，是玛雅文明的著名考古遗址。最知名的结构是巨大的金字塔库库尔坎，也称为羽蛇神庙。这个遗址反映了玛雅人在天文、建筑和数学方面的深厚知识，是了解古代玛雅文明的重要窗口。

# 神秘湖泊

　　每一片水域都有属于自己的秘密和传说，将故事的波纹轻轻推向岸边。这些湖泊不只是地图上的蓝色点缀，它们还是自然、神秘和探险的交汇点，邀请我们深入了解它们蕴藏的奥秘。我们将一起踏上全球神秘湖泊的探索之旅，体验大自然在这些静谧水域中编织的最迷人的故事和奇观。

## 尼斯湖

　　尼斯湖，又称内斯湖，位于苏格兰高地，以其神秘的传说和未解之谜闻名于世。尼斯湖深不见底，表面常被薄雾笼罩，给人一种神秘莫测的感觉。湖体狭长，呈东北—西南向延伸，湖面长达36千米，最大深度240米，是英国最深的湖泊之一。

　　尼斯湖最著名的是关于湖中怪兽——尼斯湖水怪的传说。传说描述了一种巨大的生物，能在水面上留下巨大的波纹。自那时起，关于尼斯湖水怪的目击报告源源不断，尽管至今没有确凿的科学证据证明水怪的存在，这一未解之谜仍吸引着全世界的目光。

　　随着时间的推移，尼斯湖水怪的传说已成为当地文化的一部分，吸引着成千上万的游客前来探秘。尼斯湖，这个充满神秘的地方，激发着人们对未知的探索与想象。

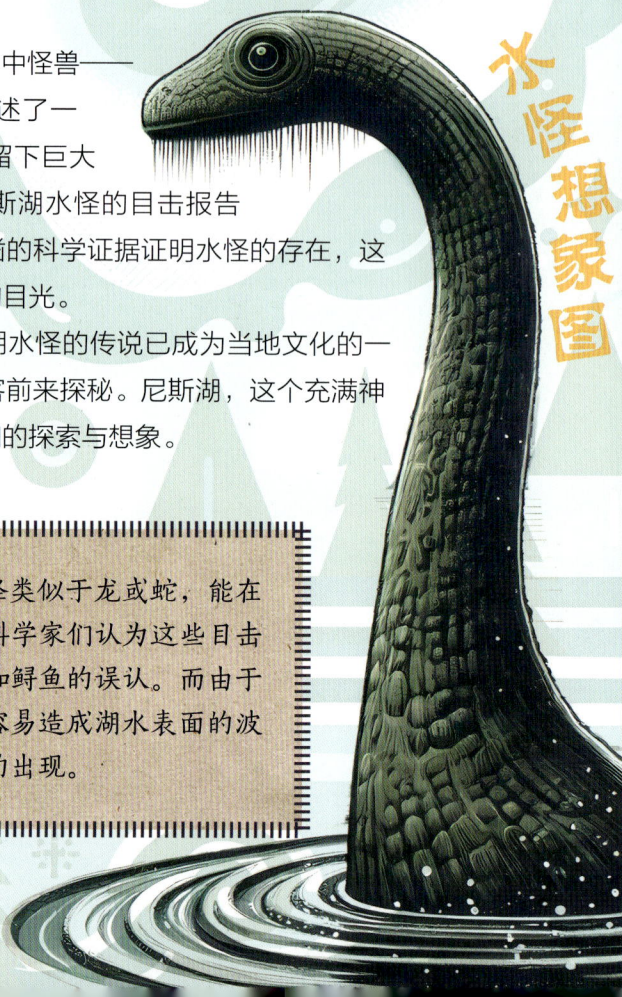

水怪想象图

　　据说，喀纳斯湖水怪类似于龙或蛇，能在湖面引起巨浪和漩涡。科学家们认为这些目击报告可能是对大型鱼类如鲟鱼的误认。而由于湖面受热情况的差异，容易造成湖水表面的波动，或许也促成了传说的出现。

### 喀纳斯湖

喀纳斯湖位于新疆维吾尔自治区阿勒泰山脉中，以其神奇的景色和深藏的秘密吸引着世界各地的游客。湖泊坐落在海拔1374米的高山之中，被密林和雪山环绕，其最引人注目的特点之一是变幻莫测的湖水颜色。随着季节和天气的变化，湖水可以从碧绿变为深蓝，再到灰色或金色，这种神奇的颜色变化给湖泊增添了一种神秘而迷人的氛围。

然而，喀纳斯湖最令人着迷的可能是关于"湖怪"的传说。据当地传说，湖中生活着一种巨大的未知生物，时常在水面下出没，引发了无数的神秘目击报告。这个传说使喀纳斯湖被冠以"中国的尼斯湖"之称，吸引了众多探险家和科学家前来探寻真相。

### 非洲尼奥斯湖

尼奥斯湖位于非洲喀麦隆西北部的一个偏远区域，是一个充满神秘色彩的火山湖。它坐落在一个休眠火山的火山口之中，四周环绕着陡峭的山崖和郁郁葱葱的热带雨林，这种地理位置使得湖水显得异常深邃和静谧。

然而，这个看似平静的湖泊隐藏着致命的秘密。1986年8月，尼奥斯湖突然发生了一场灾难性的气体爆炸，释放出大量高浓度的二氧化碳，导致附近村庄的数千居民和动物窒息而死。这场灾难被称为"湖泊翻转"现象，是由湖底积聚的火山气体突然释放造成的。此事件震惊了全世界，使尼奥斯湖成了地球上最危险的湖泊之一。

# 藏在洞穴中的秘密

穿越岩石的裂隙，深入地球的心脏，去探索世界上最神秘的洞穴。从爱尔兰丹谟洞的壮丽幽深到苏格兰芬格尔山洞的回响之声，再到印度尼西亚爪哇谷洞的光井奇观，每一处洞穴都是自然力量和古老传说交织的秘密圣地。在这些幽深的空间里，大自然的壮观与人类探索的渴望共鸣，共同揭开了地下世界的神秘面纱。

## ☀ 美国梅尔的洞

梅尔的洞是一处传说位于美国华盛顿州埃伦斯堡附近的神秘洞穴。据说，这个洞穴的深度超乎想象，甚至有说法称它似乎是无底洞。梅尔的洞最初由一名名叫梅尔·沃特斯的当地居民于1997年在一档著名的夜间电台节目中提及，从此成了现代神秘学中的一个谜团。有报告称，向洞中投入物品永远不会听到物品的落地声，使人们怀疑其深度。还有更加离奇的说法，包括洞穴附近的动物表现出异常行为，以及附近的无线电频率受到干扰等。

此外，梅尔自称曾经在洞口附近发现了一种未知的黑色物质，还说这种物质具有加速植物生长的神奇效果。这些描述增加了梅尔的洞的神秘感，并激发了公众对这个地点是否真实存在的好奇心。尽管进行了多次寻找，但至今仍未找到梅尔的洞的确切位置。梅尔的洞已经成为都市传说和神秘现象爱好者讨论的焦点，其故事继续激发着人们对未知的想象和探索。

洞穴深处

## ☀ 爱尔兰邓莫尔洞

邓莫尔洞位于爱尔兰，是一处历史悠久且环绕着神秘传说的石灰岩洞穴。这个洞穴以其壮丽的钟乳石和石笋而闻名，深藏在爱尔兰的翠绿丘陵之中。邓莫尔洞的形成可追溯至冰河时期，其内部蕴藏着丰富的地质奇观。洞穴内部的微妙光影和神秘的氛围，使得这个地方充满了无穷的魅力。

邓莫尔洞最引人注目的不仅是其自然美景，还有它背后的历史和传说。最著名的是928年维京人屠杀事件，据说洞穴内曾是当地人躲避维京侵略者的藏身之处。1973年，在洞穴中发现了44具人的尸骨，其中大部分是妇女、儿童和老人。这个故事增添了洞穴的神秘色彩，使其成为历史和神秘学爱好者的研究对象，也为探索爱尔兰古代历史提供了珍贵的线索。

**古老传说**

**北欧海盗——维京人**

维京人是中世纪早期的斯堪的纳维亚海盗、探险家、商人和勇士。他们生活在1000多年前，以其卓越的航海技术而闻名，用长船穿越欧洲河流和大西洋，进行贸易、掠夺和开拓。

## 世界各地的奇妙洞穴

**回响**

### 卡尔斯巴德洞窟

卡尔斯巴德洞窟位于美国新墨西哥州东南部。据说，这些洞穴是由一名当地牛仔詹姆斯·怀特在19世纪末期发现的。詹姆斯被洞穴口冒出的大量蝙蝠群所吸引，随后展开了对洞穴的探索。

### 印度尼西亚的爪哇谷洞

爪哇谷洞位于印度尼西亚爪哇岛日惹特区的郊外，这个深约50米的垂直洞穴以其巨大的顶部崩塌穴著称，天然光井将阳光引入幽暗的深处。

### 芬格尔山洞

芬格尔山洞位于苏格兰海岸外的斯塔法岛，洞穴最引人注目的特点是其六角形的玄武岩柱，这些柱状结构自然形成，排列得整齐划一，宛如巨大的管风琴。

# 这是死亡之谷

穿梭在地球上神秘的死亡之谷，探索自然界中最令人震撼的秘密。从美国万烟谷的蒸汽云雾到俄罗斯堪察加半岛的火山地貌，再到美国死亡谷极端干燥的气候，这些谷地展现了自然的极端和未知。它们不仅是地球上最独特的自然景观，更是神秘传说的源泉，也是挑战人类勇气和好奇心的终极目的地。

## 那不勒斯死亡谷

那不勒斯死亡谷，位于意大利那不勒斯市的郊外，这个谷地因其地下的火山活动和释放的有毒气体而闻名，这些气体在特定条件下可致命，因而得名"死亡谷"。死亡谷的特点在于其地质结构和火山活动。火山内部的地下岩浆不断释放二氧化碳和硫化氢等气体，这些气体在没有风的日子会聚集在低地，形成高浓度的有毒云雾。游客在未经允许的情况下进入这个区域极为危险，因为气体可能在短时间内使人窒息。

有传说称，古代罗马人会将罪犯送入这个谷地作为处刑方式。还有报告说，野生动物经常被发现死在谷地中。科学家们对这个区域进行了研究，以了解地下火山活动对环境和生态的影响，但谷地中仍有许多未知的神秘现象。

## 有毒气体

### 隐秘谷地的死亡陷阱

### 俄罗斯堪察加半岛"死亡谷"

俄罗斯堪察加半岛死亡谷的地下持续释放二氧化碳和有毒气体，这些气体在无风时积聚于谷底，导致动物窒息而亡。又因有毒气体抑制细菌活动，因此动物尸体长期不会腐烂。

### 美国万烟谷

美国万烟谷是一处因1912年诺瓦鲁普塔火山爆发而形成的独特地貌。这个谷地的显著特征是其遍布的蒸汽孔和热泉，释放出大量炽热的气体，使得整个谷地仿佛被烟雾笼罩，因此得名"万烟谷"。

## 美国死亡谷

死亡之谷

美国死亡谷，位于美国加利福尼亚州东南部，是北美洲最干热、地势最低的地区之一。这片荒凉的沙漠谷地因其极端的气候条件和独特的地貌而闻名，是探险者和自然爱好者的热门目的地。死亡谷最显著的特点是其令人难以置信的高温和干燥。该地区的温度最高曾达到56.7℃，创下了地球上最高气温的纪录。除了酷热，死亡谷还拥有独特的地质景观，包括盐沼、沙丘、彩色岩石和古老的火山口。

死亡谷的奇闻逸事之一是关于"滑石"的神秘现象。在"滑石"区域，巨大的岩石似乎在没有任何外力作用的情况下，自行在干燥的湖床上移动，留下长长的轨迹。这一现象长期以来一直是科学家研究的课题，存在许多令人感兴趣的谜团。

除此之外，死亡谷还是多个未解之谜的所在地，包括古代的洞穴艺术和传说中的失落矿山。这些故事和传说增添了死亡谷的神秘感和探险吸引力。

# 蓝色深渊

大海有自己的语言。在地球的海洋地带，潜藏着神秘的"蓝色深渊"，有罕见的海洋奇观和深不可测的海洋秘密。不可思议的现象激发着人们的猜想，现在，就让我们一起揭开这蓝色深渊的神秘面纱，探寻其中的奥秘吧。

## 马里亚纳海沟

马里亚纳海沟位于北太平洋西部，是地球上已知的最深的海沟，其最深处达11034米，这就是说即使将世界最高峰珠穆朗玛峰在海平面以上的部分放进马里亚纳海沟，它淹没在水下的最高处离海平面还会有2000多米的距离。马里亚纳海沟全长2550千米，呈弧形，平均宽度约为70千米。太平洋板块与菲律宾海板块之间的碰撞，形成了这一深邃的海底裂谷。阳光照射不到马里亚纳海沟底部，这里水压高、温度低、含氧量低、食物资源匮乏，环境极为恶劣，但也是深海生物学、生态学和进化生物学等领域研究的重要场所。作为地球海洋最深处，马里亚纳海沟生态状况独特，尽管漆黑冰冷，但并非不毛之地。在10000米以下的海沟深处遍布着黄褐色的硅藻软泥，还发现有比目鱼生存。

海水变红

### 红海的颜色

在亚洲阿拉伯半岛与非洲大陆之间，有一片海域，名为"红海"。但平时一眼望去，却常常只看到蓝绿色的海水。既然与普通海域无异，为什么叫"红海"呢？原来，红海之所以得名，是因为其海水中富含一种特殊的红色藻类——红海束毛藻，在藻类大量繁殖的时节，这些藻类在阳光的照射下，使海水呈现出独特的褐红色，从而得名。

## ✳ 格雷姆岛的消失

1831年7月，西西里岛南边的地中海海域因海底火山爆发，不久后在原处形成了一座名为格雷姆岛的新岛。同年12月，这座新生岛屿却神秘消失，仅留下万顷波涛。此后，这座小岛时隐时现，像在与人们捉迷藏，最近一次出现是在1950年。经调查发现，这座小岛的出现是由于火山喷发，沉积物的堆积将其推出海面，而当火山停止喷发时，堆成小岛的布满泡沫孔的岩石就会因经受不住海水的侵蚀而逐渐下沉，消失在人们的视野。当下一次火山喷发时，它或许又会重新出现。

## ✳ 巴哈马蓝洞

想象一下，深邃蔚蓝的水面上，突然出现一个巨大的深色圆圈，仿佛是通往另一个世界的门户，是不是很奇特？这就是巴哈马蓝洞，它位于巴哈马群岛，是著名的水下洞穴。其独特的蓝色外观和深邃的海底世界，吸引了众多潜水爱好者。蓝洞形成于冰河时代，当时海平面较低，形成了石灰岩空洞。随着冰川融化，海平面上升，这些空洞被海水淹没，形成了现今的蓝洞。蓝洞内部有着丰富的生物群和特殊的地质结构，是自然奇迹的象征，也为科学家们提供了宝贵的研究资料。

蓝洞

# 拨开森林迷雾

在世界的幽深角落，存在着一些被神秘传说笼罩的森林地带。这些地方充满了神秘的低语和未知的谜团，是自然和超自然力量的交织之地。它们不仅是地球生物多样性的宝库，也是人类好奇心和想象力的源泉。每一片树叶和每一阵风都似乎在诉说着古老的故事，邀请着我们去探索那些隐藏在森林深处的秘密和奇迹。

森林

## ☀ 神农架国家森林公园

神农架国家森林公园位于湖北省西北部，是一片充满神秘色彩的自然保护区，有"神农天园"之称。这片遥远的山林地带因其丰富的生物多样性和独特的自然景观而闻名，被誉为中国的"物种基因库"。神农架的名字来源于中国古代神话中的农业之神神农氏，传说他曾在这片土地上试验百草，教人耕种。

关于神农架的奇闻逸事和未解之谜颇为丰富。其中最著名的是关于"野人"（中国的大脚怪）的目击报告，许多游客和科学家声称在这片原始森林中见过神秘的类人生物。此外，还有关于古代遗迹和未知药草的传说，使得神农架成为神秘学和传说爱好者追逐的热点。

## 特兰西瓦尼亚

特兰西瓦尼亚山林位于罗马尼亚中部的喀尔巴阡山脉，是一个充满神秘和古老传说的地区。这里是许多野生动物的栖息地，包括狼、熊、野猪以及各种鸟类。林间小道和清澈的溪流穿行其间，营造出一种神秘而宁静的氛围。深林中古老的城堡和废墟增添了这片森林的神秘色彩。

关于特兰西瓦尼亚山林的奇闻逸事和未解之谜主要围绕着传说中的生物和古老的故事展开。最著名的当数德古拉伯爵的传说，这个与吸血鬼有关的故事使得这片森林被笼罩在一种神秘而略带恐怖的气氛中。此外，还有关于幽灵和其他超自然现象的传说，这些故事在当地民间代代相传，为这片森林增添了不可思议的色彩。

### 森林中的吸血鬼

德古拉伯爵是一个源自19世纪哥特小说的著名虚构角色，由爱尔兰作家布拉姆·斯托克创作。这个角色是一个血族（吸血鬼），拥有永生的能力并以人类的血为食。这个传说混合了中世纪欧洲对吸血鬼的恐惧和对东欧神秘文化的迷恋，成为西方恐怖文学中最具影响力的形象之一。

童话

### 德国黑森林

黑森林以其浓密的树木和古老的传说而闻名，是格林童话中许多故事的灵感来源。这些故事中的森林充满了魔法、神秘生物和奇遇，如《小红帽》和《糖果屋》。

超自然

### 罗马尼亚牧羊人森林

牧羊人森林的显著特点是其奇怪的树形和经常发生的不可解释的现象。森林中的许多树木扭曲成不寻常的形状，形成了一种诡异而迷人的景观。此外，许多访客报告称在森林中经历了奇怪的感觉，如失去方向感、突然感到恐惧或焦虑。

### 美国俄勒冈州波特兰森林公园

关于俄勒冈州波特兰森林公园的奇闻逸事和未解之谜，最引人注目的是有关不明飞行物（UFO）的目击报告和超自然现象。多年来，有许多人报告称在这片森林中见到了奇异的光球、不寻常的天空现象，甚至是外星飞船。

# 大地面具

在地球这个宏伟的舞台上，自然以其无与伦比的鬼斧神工创造了一系列神秘而壮观的地质奇观，展现出地球不可思议的多样性与奇异之美。它们的存在超越了普通的自然景观，不仅展示了地质变化的惊人力量，也承载着深埋在地壳中的历史。这些地质奇观就像是地球精心布置的谜题，引领着我们去揭开它们神秘的面纱。

## 撒哈拉之眼

撒哈拉之眼，又称理查特结构，因从太空中看酷似一只巨大的眼球而得名。它位于撒哈拉沙漠西南部，毛里塔尼亚境内西北部，这个几乎完美的圆形结构在卫星图像中清晰可见，仿佛是大地之眼在静静凝视着宇宙的奥秘。

撒哈拉之眼直径约为48千米，其特点在于多层同心圆的地质结构，这些圆圈由不同颜色的岩石和沉积物组成，形成了一幅令人惊叹的自然画卷。因为具有比较标准的圆形结构，所以一开始被认为是陨石坑，后来因缺少证据而被排除。

除此之外，关于撒哈拉之眼的起源，科学家们还提出了多种假说，但至今仍未有定论。最常见的解释认为它是一种古老的地质圆顶结构，由于侵蚀作用而逐渐显露出其独特的形态。然而，也有人认为这可能是古代文明的遗迹，甚至是外星人的标记，或是连接着另一个世界的神秘入口。这些猜想和传说增添了撒哈拉之眼的神秘色彩。

## 达尔瓦扎天然气坑洞

在土库曼斯坦的卡拉库姆沙漠中，隐藏着一个被称为"地狱之门"的神秘天然气坑洞——达尔瓦扎天

火焰之门

地质奇观

然气坑洞。这个位于阿什哈巴德以北约260千米的巨大火坑，自1971年便持续燃烧至今，其熊熊燃烧的火焰和令人震撼的景象，成了这片荒凉土地上一道奇异的风景。

达尔瓦扎的火坑直径为70~80米，深度超过20米。这个巨大的坑洞内部充满了燃烧的天然气。夜幕降临时，其红蓝相间的火焰在黑暗中跳舞，如同地狱之门敞开，展现出一种超凡脱俗的美丽。这不仅是一处地质奇观，更像是一个神秘的自然祭坛。

关于达尔瓦扎天然气坑洞的起源，有一个广为流传的故事。据说在20世纪70年代，苏联的地质学家在这里钻探时不慎造成了一个巨大的坑洞，并意外释放了大量气体。为防止可能有毒的气体泄漏，科学家们决定点燃气体，希望火焰在几周内熄灭。然而出乎人们意料的是，这个火坑从那时起就一直在燃烧，成为一个永不熄灭的火焰之源。

隐藏在大地上的秘密

## 元谋土林

元谋土林位于云南省元谋县，被称为"土林博物馆"。1965年，在这片土林中发现了距今约170万年的古人类化石——元谋人，这一发现震惊了世界，使元谋土林成为研究人类起源和进化的重要地点。这些古老的化石不仅为科学家提供了宝贵的信息，也为这片土林增添了一丝神秘的历史气息。

## 札达土林

札达土林位于西藏自治区阿里地区札达县。这些土林高耸入云，形态各异，有的似城堡，有的像塔楼，它们在阳光下展现出多种颜色，从黄色、红色到灰白色，构成了一幅壮丽的自然画卷。据当地传说，这些土林中隐藏着古代国王的宝藏，传说未经证实，但它们为札达土林增添了神秘莫测的色彩。

## 骷髅海岸

在纳米比亚的骷髅海岸，大片的沙丘与海洋的波涛相遇。1909年，一艘名为"爱德华·博伦"的德国货船神秘失踪，长达数十年都无人知晓其下落。直到多年后，人们在骷髅海岸的沙丘深处发现了它的残骸，至今无人知道当时发生了什么。

# 无人之境 禁止冒险

无人区是自然界最原始和未被触碰的领域。无论是深埋冰雪之下的寒冷荒原，还是覆盖着厚重沙漠的炎热之地，都蕴藏着未解之谜和无尽的奥秘。在无人区中，自然的力量展现得淋漓尽致，每一处都是大自然未经雕饰的杰作，等待着我们去揭开那些隐藏在地球深处的秘密。

无人区

极端气候

楼兰美女干尸

楼兰美女
复原画像

## 罗布泊

罗布泊位于新疆维吾尔自治区塔里木盆地东部，曾经是丝绸之路上的繁华绿洲，如今却成为干涸荒凉的盐碱地。罗布泊的特点在于其极端的环境和独特的历史地位。昔日的湖水已经消失，取而代之的是遍布裂纹的盐壳地表和散布的盐碱土。这里的气候极其干燥，几乎无雨，但在这片贫瘠的土地上，隐藏着丰富的历史遗迹和神秘传说。

最著名的奇闻之一是"楼兰古城"的消失。楼兰曾是古代丝绸之路上的重要城市，但据说在约1600年前，这座城市神秘消失了，至今没有确切的消失原因。另外，罗布泊也是许多探险家和科学考察的目的地，它的神秘和荒凉吸引着人们探索这片曾经繁华、现在寂静的土地。

## 千年前的楼兰美女

1980年，考察队穿过罗布泊东面的白龙堆，在铁板河的河湾南面，发现了一处墓葬，墓坑的底部埋葬着一具完整的干尸，这位古人是一名女性，头上戴一顶毛织的圆尖顶的帽子，褐色皮肤，面目清秀，皮肤和指甲都保存完好。后来，这具干尸在日本展出，主办方使用了"楼兰王国和古老的美女"这个题目，并复原了她的想象图，"楼兰美女"的名称由此不胫而走，广为人知。

荒野

## 刚果盆地

刚果盆地位于非洲中部，是一个蕴藏着神奇秘密和自然奇观的地方。这个地球上第二大热带雨林所在地，横跨多个国家，其中包括刚果民主共和国、刚果共和国等，它的茂密森林、蜿蜒河流和丰富的生物多样性，构成了一个神秘而生机勃勃的自然王国。

刚果盆地的特点在于拥有庞大而原始的热带雨林，这里是地球上一些最为罕见和独特生物的家园。刚果盆地还充满着奇闻逸事和未解之谜，其中最为人所知的是关于"魔克拉-姆边贝"的传说，这是一种据说生活在盆地深处的神秘生物，形态类似恐龙，多次引起科学家和探险家的极大兴趣。尽管至今未有确凿证据证明其存在，但关于魔克拉-姆边贝的传说仍然激发着人们对这片神秘土地的想象。

## 犹他州荒原

犹他州荒原位于美国西部，以其独特的地貌和壮丽的自然景观闻名。这片广阔的地域，拥有红色的岩石峡谷、深邃的峭壁和广袤的沙漠平原，构成了一个如梦如幻的荒野世界。

犹他州荒原最著名的奇闻逸事可能是关于神秘的"犹他纪念碑谷"的传说。这个区域以独特的巨型孤峰群而闻名，据说这里曾是古代文明的所在地，也有传说称这里是外星人访问地球的据点。此外，荒原上时不时发现的不明飞行物和奇怪的光球现象，更增添了这片土地的神秘气息。因拥有独特的地质景观，这里也逐渐成为影视剧的取景地，从而更为人们熟知。在这里，无尽的自然奇观与古老的传说交织在一起，构成大地上最神秘又美丽的风景。

# 飞跃生命禁区

地球上有一些以极端的自然环境著称的生命禁区，因其极高或极低的温度、剧烈的地质活动、高强度的辐射或深不可测的深海环境，使得大多数生命形式难以存活。在这些地方，常规的生命规则似乎不再适用，而是更为严酷的自然法则主宰着这里。在这几乎无法接近的角落里，隐藏着关于地球和生命极限的秘密，等待着勇敢而好奇的探险者和科学家们去揭开。

## 达纳基尔凹地

达纳基尔凹地位于埃塞俄比亚北部，靠近红海，是东非大裂谷的一部分，其地理位置使其成为地球上最炎热和最干燥的地区之一。这里温度高达50℃以上，几乎没有降水，环境极其恶劣。盆地内充斥着活跃的火山和多彩的热泉，其中的硫黄和盐结晶构成了一道奇异的景观。

正是这些极端的环境条件，使得达纳基尔凹地成为一个名副其实的"生命禁区"。在这样高温、高盐、酸性极强的环境中，几乎没有任何已知的大型生命形式能够存活。然而，科学家在这里发现了一些极端耐热、耐酸的微生物，这些发现对于理解生命的极限和生物的适应性有着重要意义。同时，一些科学家认为，达纳基尔凹地的极端环境或许能为研究其他星球上生命存在的可能性提供线索。

禁区

## 阿塔卡马沙漠

生存

阿塔卡马沙漠，位于南美洲智利的西部，是地球上最干燥的沙漠之一。沙漠的主要特点是几乎无雨和极端的干燥，也被称作"旱极"。阿塔卡马沙漠的地表盐结晶、红色的沙丘和干涸的河床构成了一幅荒凉而神秘的画面。白天酷热难当，夜晚却寒冷刺骨，这种极端的温差使得大多数生命形式难以在此生存。

阿塔卡马沙漠还存在着一些奇闻逸事。例如，沙漠中偶尔会发现古老的木乃伊和遗迹，这表明在史前时期曾有文明在这片荒凉的土地上繁衍生息。此外，沙漠的极端干旱环境对于模拟火星等外星天体的条件提供了独特的研究机会，吸引了众多天文学家和地质学家的关注。

### 切尔诺贝利

1986年，切尔诺贝利因核电站爆炸而成为历史上最严重的核灾难地点。这场灾难释放了大量放射性物质，导致周边成为生命禁区，严重破坏了当地生态系统。即便经过多年的清理，该地区的辐射水平依然超出安全范围，使得大面积土地无法居住，对动植物造成了深远的影响。

### 尼莫点

尼莫点，也叫"海洋难抵极"，是地球上距离陆地最偏远的地点。"尼莫"这个名字源自拉丁语，意为"无人"。尼莫点不仅人迹罕至，而且几乎没有动物栖息。科学家们发现，尽管富含营养的洋流途经尼莫点，但周围旋转的水域形成了一道屏障，阻碍了营养物质在此沉积。由于这些极端的自然条件，尼莫点的营养物质极为稀缺，导致生物数量稀少，大型海洋生物几乎绝迹。尼莫点也被人们称为"海洋中生物活性最低的区域"。

荒凉

# 漫游神秘北纬30度

## 富士山

富士山不仅是一座活火山，还是日本的文化和精神象征。自古以来，它就是朝圣者和登山者的目的地。富士山的美丽外观和几乎完美的对称锥形，使其成为艺术和文学作品中的常见主题。

## "鬼魂小镇"

美国亚利桑那州的"鬼魂小镇"指的是那些曾经繁荣一时，但后来因为各种原因（如矿产枯竭、经济衰退）而荒废的小镇，其中最著名的包括铜矿城镇杰罗姆小镇，这座具有历史意义的城镇保存了亚利桑那州早期采矿时代的历史。

## 喜马拉雅山

喜马拉雅山脉是世界上最雄伟高大的山脉，其主峰珠穆朗玛峰是世界第一高峰。喜马拉雅山脉充满了探险和神秘故事，包括传说中的雪人。

## 狮身人面像

狮身人面像是一座巨大的石雕，位于埃及的吉萨高原上，有狮身和人面，坐落在胡夫金字塔附近。它是古代埃及的象征性雕像，其具体建造时间和目的仍不为人知。

## 罗斯威尔

罗斯威尔UFO（不明飞行物）事件是20世纪最著名的UFO事件之一，于1947年7月发生在美国新墨西哥州的罗斯威尔附近。该事件的核心是关于所谓的UFO坠毁和随后的政府掩盖行动的说法。

比萨斜塔

## 恒河流域文明遗址

主要城市遗址包括哈拉帕、摩亨佐·达罗、罗帕尔和卡利班甘等。这些城市以其先进的城市规划、复杂的排水系统和砖石建筑而著称，其高度发展的文明和神秘消亡的原因仍然是历史学家和考古学家研究的重点。

## 密西西比河文明

美国的密西西比河文明，通常指的是在大约公元800年至1600年间，沿北美洲密西西比河流域及其周边地区发展起来的古代文明。这个文明以其大型土丘建筑、复杂的社会结构和广泛的贸易网络而著名。

## 三星堆遗址

三星堆遗址位于中国四川省，神奇夸张的青铜人像，高度发达的青铜铸造工艺、至今仍未发现文字的痕迹，都让这里充满远古文明的神秘感。

## 比萨斜塔

比萨斜塔是意大利比萨城的一座著名建筑，它位于比萨的教堂广场上，与比萨的教堂和洗礼堂相邻。比萨斜塔的建造始于1174年，由于地基下沉而倾斜，获得"斜塔"美名。

# 地球神秘事件

### 英格兰威尔特郡麦田怪圈

威尔特郡因麦田怪圈现象而享誉盛名。这里有丰富的历史文化遗产，如巨石阵、埃夫伯里石圈等，被猜测与麦田怪圈的出现有关。具体的产生原因，研究人员至今没有给出定论。

### 大脚怪的传说

大脚怪的传说源自北美民间，尤其是美国西北部和加拿大的森林地区。这个传说中的生物据称有这样几个特征：大型、毛茸茸、类人。它们行踪神秘，很少被人目击，尚未找到确凿的生物学证据。

### 达·芬奇的《蒙娜丽莎》之谜

《蒙娜丽莎》最著名的特点是她的微笑，这个微笑难以捉摸，似乎可以随着观看者的视角和情感变化而变化。这幅画作也因为多种关于画中人物的身份和达·芬奇意图的猜测而成为艺术史上的一个谜。

### 丹·库珀劫机案

1971年，一名自称"丹·库珀"的男子在美国劫持了一架飞往西雅图的飞机，并在索取赎金后跳伞逃脱。他的身份和下落至今仍是一个谜。

## 水晶头骨

　　水晶头骨指的是在中美洲和墨西哥发现的一系列人类头骨形状的水晶雕刻品。这些头骨由透明或半透明的石英水晶制成，其起源和制作方法长期以来一直是考古学和神秘主义领域的争论焦点。

## 弗拉纳岛灯塔守护者失踪事件

　　1900年，苏格兰的弗拉纳岛上三名灯塔守护者神秘失踪，这件事是在一艘补给船到达岛屿时被发现的。灯塔内的情况看起来正常，但三人都不见了踪影。至今无人知晓其究竟遭遇了什么。

## 法国斯特拉斯堡的"狂舞"

　　1518年发生在法国斯特拉斯堡（当时属于神圣罗马帝国）的一起奇怪事件，起先是一名妇女开始在街上无休止地跳舞，持续了几天。在接下来的几个月里，大约400人加入了街头跳舞，这些人也无法控制自己的跳舞冲动。许多跳舞者最终因心脏病发作、中风或疲劳而死亡。

## 宝藏橡树岛

　　橡树岛其实位于加拿大新斯科舍省，而不是魁北克省，是组成马洪湾的300多个岛屿之一。橡树岛因其长达数个世纪的藏宝传说而闻名，传说在有7名寻宝者为找到宝藏而死亡之前，不会有人找到宝藏，据说目前已经死了6人。

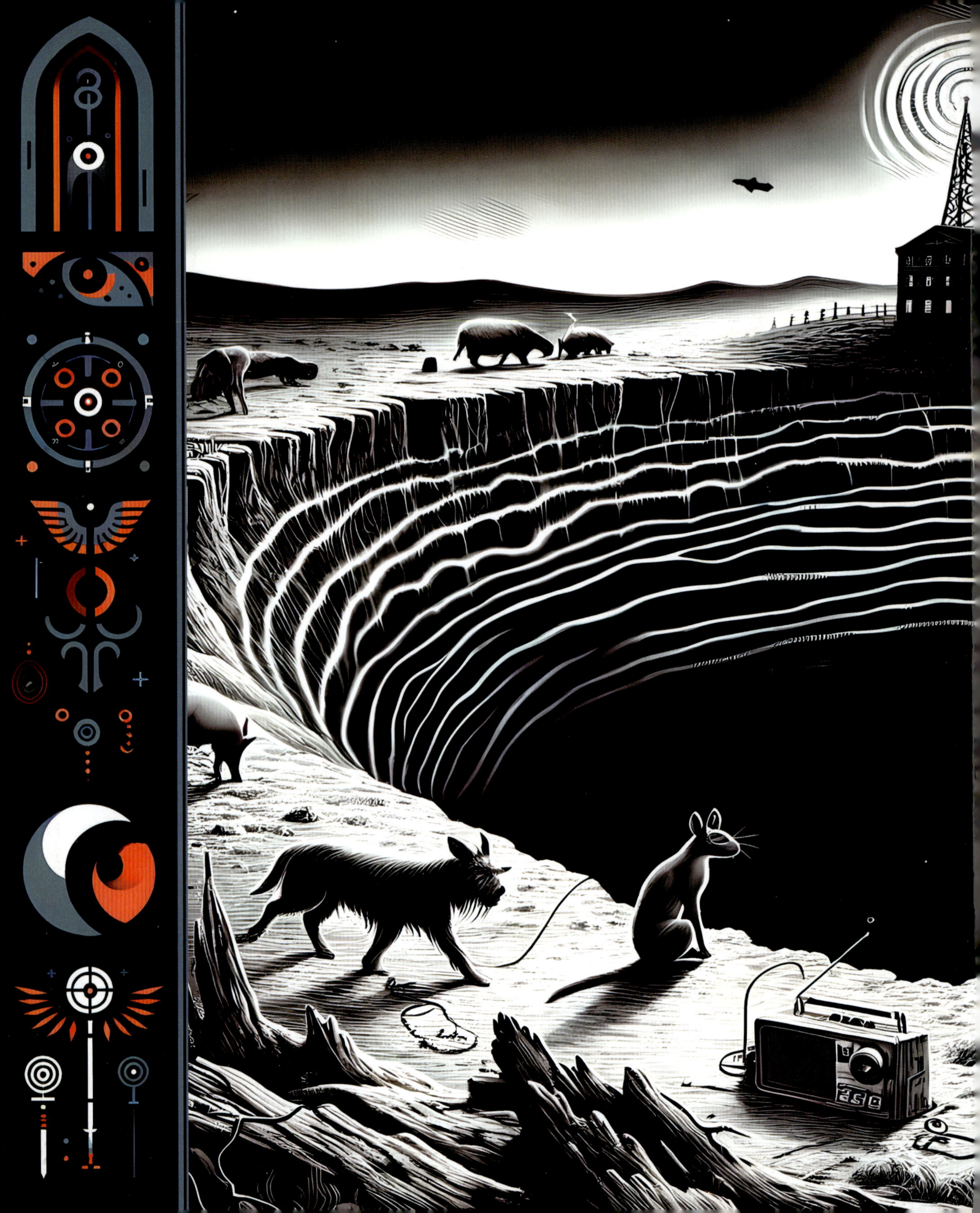